手作涼拌

關於美味的生活提案

吳青華、陳楷曄、陳永成
藍敏凱、楊裕能、花國袁
巫清山 ——————— 著

作 者 簡 歷

吳 青 華

/ 現任 /
南開科大餐飲管理系
助理教授級專技教師

/ 經歷 /
2015 鴨鄉鴨香創意美食指導顧問
2011 經濟部台灣美食名廚評選
　　　優質大廚
2002 中華民國宴請海地共和國
　　　國宴製備

陳 楷曄

/ 現任 /
蘭陽美食研發會主委
宜蘭縣萬德福中餐創意研習講師

/ 經歷 /
福朋喜來登渡假飯店　中餐廳主廚
瓏山林渡假飯店宴會廳　主廚
香格里拉渡假飯店　主廚
中華民國烹飪協會第 10、11 屆理事

陳 永成

/ 現任 /
漢翔航太研習園區

/ 經歷 /
通豪大飯店
上閣屋日本料理

藍 敏凱

/ 現任 /
羅東祥瑞渡小月　冷台主廚

/ 經歷 /
2003 台北中華美食展 - 廚藝傳真紀念獎
2005 石潮社區食材利用藝術品指導老師

楊 裕能

/ 現任 /

世華生技廚藝會館

/ 經歷 /

魚躍龍門日本料理
上閣屋日本料理
清新溫泉飯店

巫 清山

/ 現任 /

龍廚餐廳　大廚

/ 經歷 /

順天醫院調理餐　主廚
盧山園大飯店　主廚
麒麟峰溫泉會館宴會廳　主廚

花 國袁

/ 現任 /

漢翔航太研習園區

/ 經歷 /

通豪大飯店
大和屋日本料理
宜豐園
陶醴春風

作　者　序

看著文稿，細細回憶外拍的過程與夥伴們微調討論的時光，時光點滴的流逝，一路走來感謝前輩們的提攜及支持，與成哥、阿山及小花認識時，我還在夜校高職就讀，當時廚房大夥感情特別的好，有著特殊的革命情感，宴會桌數幾百幾百桌出餐，不分中廚或是點心房，一起打菜，互相支援…戰爭下班後，找家店消夜聚聚，培養感情。

隔了數十年，個人職場也拉長戰線，到羅東工作與楷曄師傅初認識時，外出用餐，無論到飯店、餐廳、或是快炒店，每家店的主廚都熱情的訪桌寒暄，不斷端出隱藏版手路菜，當時真的很驚訝，怎麼在地關係那麼好！

也因如此，偶然一次餐敘，我跟成哥與成嫂提案，兩夫妻大力支持，接著回羅東楷曄師傅豪氣一口答應，這個提案順利成局，慢慢認識了新夥伴，透過成哥邀請楊師傅，楷曄師傅邀請羅東祥瑞渡小月藍師傅一同完成。

本書集合夥伴們作品，設計以簡易、適合家庭操作為前提去開菜單，並試做，微調後確定配方，讀者們可透過本書：

材料：產品所需的食材、調味料及重量
做法：條列式清楚敘述作法，重點地方附操作小圖，詳細文字解說
Tips：該項產品製作小竅門和注意的細節

完成外面隱藏版的美食，邀您一起動手操作享受這 57 道美食。

這一本書醞釀了四年以上，感謝作者群、攝影師阿德及優品團隊，因有大家的戮力協助，從而順利完成。當然也要感謝一路支持我的家人，及羅東祥瑞渡小月陳董事長提供外拍結束餐敘的好地方，謝謝大家。

後續讀者們有任何問題，請與我聯絡，方式如下：
chefnikowu＠hotmail.com，竭誠歡迎來信指教。　　吳青華

推　薦　序

秉持「最初」與「自然」的原始精神
堅持使用在地食材簡單烹煮

　　現代精緻化的飲食，烹飪與調味都過度
著墨，本書作者團隊秉持「最初」與「自然」
的原始精神，堅持使用在地食材簡單烹煮，
佐以家中常見調味料，呈現的料理自然，以
健康安全的概念，結合求新求變的創意思維。

　　《57道必收簡易手作涼拌菜》是由一
群熱愛烹調的夥伴們合力編著完成，充分發
揮團隊合作、凝聚向心力，表現豐富多彩之
涼拌料理。今聞夥伴們將多年的工作經驗，
利用公餘撰寫本書分享給讀者，值書付梓之
際，特綴數言予以推薦，是以為序。

羅東祥瑞渡小月

董事長　陳兆端　謹序

目　錄
Contents

禽畜類

海鮮類

蔬果類

/食/材/處/理/須/知

利用蔥薑水汆燙過水

可去除海鮮或肉類的腥味

先噴 75% 酒精消毒

切割熟食前，先噴 75% 酒精消毒，安全又衛生。

接觸熟食需戴手套

切割熟食，拿菜刀的那隻手無須戴衛生手套，接觸熟食的手才需戴手套。

汆燙後冰鎮可保持翠綠

綠色的食蔬汆燙過水後，泡冰水冰鎮，可保翠綠。

加鹽巴可軟化組織

食材加點鹽巴，除了去苦水，更可軟化組織。

隔著塑膠袋沖水

食材退冰不要直接與流水接觸，建議隔著塑膠袋，比較符合食品安全衛生。

避免交叉汙染

成品放冰箱前需放入保鮮盒，避免交叉汙染。

太白粉水可吸收油炸雜質

油鍋倒入太白粉水可吸附油鍋裡的雜質。

禽畜類

剝皮辣椒皮蛋捲

材料

松花皮蛋	2 粒
剝皮辣椒	4 條
紅甜椒	60g

調味料

七味辣椒粉	5g
剝皮辣椒醬汁	50g

作法

1 將整粒帶殼的皮蛋蒸 10 分鐘後，泡冷水至涼，去殼備用。

2 剝皮辣椒整條直切對半，紅甜椒切條。

3 將去殼的皮蛋整粒直切對半，一開四對等分。

4 取一片剝皮辣椒捲起切成等份的皮蛋及紅甜椒條，撒上七味辣椒粉與剝皮辣椒醬汁，香菜點綴食用。

冰心紹興蛋

材料

雞蛋	6 顆
醃製子薑	30g
清水	400cc

調味料 A

鹽	1T

調味料 B

紹興酒	100cc
細砂糖	1T
鹽	1/4t

作法

1 取一鍋清水,加入調味料 A 與雞蛋,煮 8 分鐘,起鍋泡冷水降溫,剝除蛋殼備用。

2 將清水煮沸離火,加入調味料 B 拌勻成紹興酒汁。

3 去殼的水煮蛋放入紹興酒汁中,冷藏入味(泡一天以上)。

4 紹興蛋依喜好切割適當大小,搭配醃製子薑一同食用。

Tips

冷藏浸泡建議使用保鮮盒密封儲放,隔一段時間略微翻面,讓蛋體更均勻的吸收紹興酒汁。

香根涼拌臉頰肉

材料

豬臉頰肉	500g
小黃瓜	100g
紅辣椒	50g
薑	50g
青蔥	50g
蒜味花生片	50g
香菜	30g

調味料

白醋	75g
醬油膏	240g
細砂糖	38g
辣油	20g
冷開水	90g

作法

1 小黃瓜切丁，紅辣椒切絲，薑切片，蔥切段備用。

2 開水煮滾，將豬臉頰肉汆燙 2 分鐘後，泡冷水洗淨。

3 另取一鍋水約 3000cc，煮滾後加入薑片、蔥段，煮 5 分鐘後續入臉頰肉，小火煮約 10 分鐘，撈起放涼，再切丁。

4 將所有材料加入調味料拌勻即可。

椒麻千層峰

材料

豬耳朵	500g
老薑	30g
紅辣椒	1 條
花椒粒	3g
草菓	3g
八角	3g
玉桂葉	3 片

滷汁

冰糖	188g
米酒	300g
醬油	100g
海山醬	188g
水	2000cc

作法

1 老薑切片，豬耳朵洗淨，去除油脂，汆燙備用。

2 乾鍋洗淨，炒香花椒粒、草菓、八角。

3 調製滷汁，加入炒過的辛香料，續入薑片、紅辣椒、玉桂葉煮出香氣，再放入去油脂的豬耳朵，小火滷 20 分鐘後取出。

4 將豬耳朵以保鮮膜捲成圓形狀，再包一層鋁薄紙捲一圈，放入冰箱冷藏 2 小時，即可切片食用。

辣味豬肚絲

材料

豬肚	300g
蒜苗	1 支
紅辣椒	3 支
蒜頭	5g
薑	5g

調味料 A

沙茶	100g
醬油膏	2T
細砂糖	1T
岡山辣豆瓣醬	1T

調味料 B

香油	1/4t

作法

1 豬肚洗淨後對切，煮至軟，改刀切成絲狀。

2 蒜頭切末，紅辣椒、蒜苗、薑切絲。

3 將豬肚絲、蒜頭末與調味料 A 一起拌勻。

4 盛盤後，表面撒上薑絲、辣椒絲及蒜苗絲裝飾，再淋上香油提味，即可食用。

Tips

蒜苗切絲

先將蒜苗切段，中間劃一刀，壓扁後切絲。

紅辣椒切絲

紅辣椒切半，利用刀背去籽，斜切成絲。

和風洋蔥肥腸

材料

大腸	500g
洋蔥	200g
香菜	20g
紅甜椒	20g
黃甜椒	20g
青蔥	50g
老薑	100g
花椒粒	5g

調味料 A

鹽	20g
米酒	100g

和風醬

醬油	200g
白醋	200g
細砂糖	60g
橄欖油	60g
芝麻香油	20g

作法

1 大腸汆燙後洗淨，去油脂。

2 煮一鍋蔥薑水，加入花椒粒、鹽、米酒，小火煮 40 分鐘，撈出放涼後，切段備用。

3 香菜切段，洋蔥、紅、黃甜椒切絲，分別泡冰水 10 分鐘，濾乾備用。

4 起油鍋，待油溫約 140 度，將大腸放入油鍋炸至外皮呈金黃色即可。

5 取盤，放入洋蔥絲及炸好的大腸，再放上紅、黃甜椒絲，最後淋上和風醬即可。

四季香肥腸

材料

四季豆	250g
大腸	500g
青蔥	50g
蒜頭	20g
老薑	100g
紅辣椒	60g
花椒粒	5g
香菜	20g

調味料 A

鹽	20g
米酒	30g

調味料 B

鹽	15g
白胡椒粉	5g

作法

1 大腸汆燙後洗淨,去油脂;蒜切末,老薑、紅辣椒切絲。

2 將水煮滾,放入蔥、薑、花椒粒及調味料 A,小火煮 40 分鐘,撈出放涼,切段備用。

3 起油鍋燒至 140 度,先炸四季豆,撈出後再入肥腸炸至金黃色,撈出。

4 爆香蒜末、紅辣椒絲後,加入四季豆、肥腸及調味料 B 炒香後,再加入香菜,即可起鍋。

蘋香炙燒牛肉

材料

無骨牛小排　　　600g

醬汁

醬油	50cc	蘋果泥	半顆
白醋	50cc	香油	少許
味醂	50cc	芥末子醬	10g
蒜泥	少許	橄欖油	10g
洋蔥泥	少許		

作法

1 將醬汁所有材料拌勻備用。

2 將冷凍牛小排切成柱條狀，炙燒表面成金黃色。

3 續切成薄片，淋上醬汁即可。

雞絲拌銀芽

材料

綠豆芽	200g
雞胸肉	100g
三島香鬆	1T
香菜	1 顆

調味料

味醂	3T
香油	1/4t

作法

1 綠豆芽洗淨，去頭尾，汆燙後冰鎮備用。

2 雞胸肉以小火汆燙至熟成，冷卻後，剝成絲狀。

3 將銀芽與雞肉絲拌勻，盛盤，淋上味醂及香油，表面撒上三島香鬆，以香菜裝飾，即可食用。

Tips

汆燙雞胸肉時，可在水中加入青蔥及老薑提味、壓腥味。

鴨賞蒜苗春捲

材料

宜蘭鴨賞	100g
蒜苗	20g
小黃瓜	10g
美生菜	20g
春捲皮	200g
花生粉	20g

調味料

白醋	20g
白糖	20g
高粱酒	20g
香油	10g

作法

1 宜蘭鴨賞切絲條狀，蒜苗洗淨，切絲備用。

2 小黃瓜切絲，泡冰水濾乾。

3 美生菜切成條狀，泡冰水濾乾。

4 將所有調味料拌入鴨賞及蒜苗。

5 取一張春捲皮，放入所有食材，捲成適當的大小，即為一道可口的蘭陽美食。

和風芝麻櫻桃鴨

材料		調味料 A		調味料 B	
鴨胸肉排	400g	醬油	100g	醬油	200g
紫洋蔥	150g	味醂	100g	白醋	200g
紅甜椒	30g	米酒	200g	細砂糖	60g
黃甜椒	30g	水	200g	橄欖油	60g
白芝麻	5g			芝麻香油	20g
香菜	10g				

作法

1 櫻桃鴨胸肉入鍋煎至上色，加入調味料 A，蒸 6 分鐘。

2 將蒸熟的鴨排切片，待涼；紫洋蔥、紅、
　黃甜椒切絲備用。

3 紫洋蔥、紅、黃甜椒分別泡冰水，去除紫洋蔥的辛辣味，濾乾，放置冷藏備用。

4 將鴨胸片、紫洋蔥及甜椒絲盛盤，淋上混合均勻的調味 B，最後撒上香菜與
　白芝麻一同食用。

海鮮類

日式胡麻鮑魚凍

材料

海皇玉螺	1 粒
紅甜椒	80g
黃甜椒	80g
吉利丁	10g
新鮮檸檬	1 粒
鹽	3g

柴魚高湯

水	400g
柴魚片	40g

調味料

鰹魚醬油	50g
日本胡麻醬	60g
美乃滋	140g
香魁克	60g
檸檬汁	40g

作法

1 海皇玉螺切 4 公分塊狀。

2 紅、黃甜椒切小丁，汆燙備用。

3 將水加入柴魚片煮開成柴魚高湯，撈除柴魚片，加入紅、黃甜椒、吉利丁及鹽。

4 備一冷開水約 2000cc，加入冰塊。

5 取小碗鋪上保鮮膜，加入一塊海皇玉螺，續入柴魚高湯，用保鮮膜搓捲成球狀，整粒放入冰水中成凍，放入冰箱冷藏備用。

6 將調味料拌勻，食用時淋上鮑魚凍即可。

紹興曼波魚凍

材料

曼波魚	500g
青蔥	50g
生薑	30g

調味料

紹興酒	100g
鹽	3g
米酒	50g
甜辣醬	30g

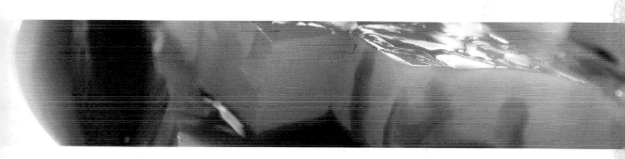

作法

1 曼波魚切小塊，蔥切段，薑切片備用。

2 煮一鍋 500cc 熱水，加入蔥段、薑片、米酒，小火煮 4 分鐘後，撈除蔥段
　與薑片。

3 續入曼波魚塊煮熟，起鍋前加入其餘調味料即可。

 黃金泡菜鮭魚捲

材料

鮭魚	600g
山東大白菜	600g
鹽	19g
紅蘿蔔	80g

調味料

細砂糖	18g
蒜頭	20g
紅辣椒	10g
辣油	20g
芝麻香油	10g
白醋	60g

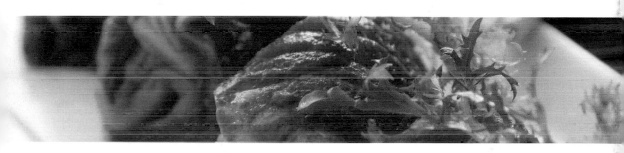

作法

1 山東大白菜洗淨，加鹽醃漬 30 分鐘，壓乾水分備用。

2 紅蘿蔔洗淨，去皮切小塊，放入果汁機，加入所有調味料打成泥狀。

3 將去除水分的大白菜加入作法 2 拌勻，醃製約 8 小時。

4 鮭魚切片，包入醃製後的大白菜即可盛盤。

可樂蜜汁柳葉魚

材料

柳葉魚	500g
檸檬	10g
老薑	10g
紅辣椒	15g

調味料

可樂	200g
味原液	100g
細砂糖	10g
醬油	15g
水	500g
柴魚粉	5g

作法

1 老薑、紅辣椒切末，檸檬擠汁備用。

2 先將柳葉魚烤熟。

3 烤熟的柳葉魚放入鍋中，加入薑末、紅辣椒末、檸檬汁與所有調味料，小
　火慢煮約 40 分鐘至收汁即可。

蘋果和風鯖魚

材料

鯖魚	600g
紫洋蔥	150g
紅甜椒	30g
黃甜椒	30g
香菜	10g
蘋果	80g
熟白芝麻	15g

調味料 A

鹽	10g

調味料 B

醬油	200g
白醋	200g
細砂糖	60g
橄欖油	60g

作法

1 鯖魚取魚排，拔除魚刺，撒鹽烤熟後，切片備用。

2 紅、黃甜椒、紫洋蔥切絲，泡冰水約 30 分鐘，濾乾水分。

3 蘋果去皮、去籽，切小塊；調味料 B 混合拌勻備用。

4 將鯖魚片、蘋果、洋蔥絲盛盤，淋上調味料 B，撒上白芝麻、甜椒絲即可。

鮑仔魚冷拌海帶芽

材料

鮑仔魚	150g
海帶芽	80g
青蔥	30g
紅辣椒	10g
柴魚片	10g

調味料

鹽	5g
芝麻香油	50g

作法

1 煮一鍋開水約 1500cc，放涼備用。

2 用冷開水將鮑仔魚及海帶芽略洗乾淨，濾乾備用。

3 青蔥切蔥花，紅辣椒切圈。

4 以芝麻香油爆香蔥花及辣椒圈，拌入濾乾的鮑仔魚、海帶芽，再拌入柴魚片與鹽即可。

涼拌鯛魚皮

材料

鯛魚皮	500g
小黃瓜	100g
乾辣椒片	15g

調味料

醬油	200g
白醋	200g
細砂糖	60g

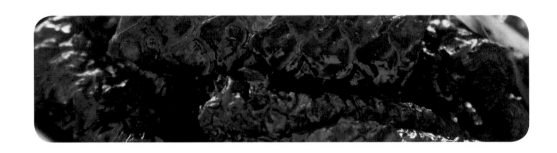

作法

1 小黃瓜切絲備用。

2 煮一鍋開水約 2000cc，待水滾後，放入鯛魚皮，滾 1 分鐘後撈出泡冰水，濾乾。

3 將濾乾的鯛魚皮、乾辣椒片放入調味料中浸泡 10 小時，即可食用。

蒜苗拌魚肚

材料

旗魚肚	500g
老薑	100g
青蔥	100g
生薑	80g
蒜苗	150g
紅辣椒	30g
米酒	200g

調味料

白醋	75g
醬油膏	240g
細砂糖	38g
辣油	24g
沙茶醬	50g
冷開水	90g

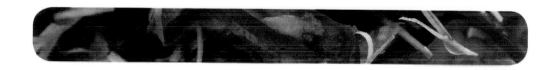

作法

1 老薑切片，青蔥切段，蒜苗、紅辣椒、生薑切絲備用。

2 煮一鍋水，放入魚肚、老薑片、青蔥段、米酒，煮20分鐘後，泡冰水待涼，濾乾，魚肚切條狀備用。

3 將魚肚條、蒜苗絲、紅辣椒絲、薑絲拌入所有調味料即可。

鰻汁蜜丁香

材料

丁香魚	200g
熟白芝麻	1/4t

調味料

烤鰻汁	100cc
細砂糖	3t

作法

1 丁香魚沖水後，瀝乾備用。

2 油鍋加熱，利用中低溫泡油，放入丁香魚，最後轉大火，將多餘的油脂逼出，炸至乾酥，撈出。

3 原鍋內留少許油，放入所有調味料，小火不斷拌炒，待細砂糖溶化。

4 續入丁香魚，小火熬煮至醬汁收乾。

5 將丁香魚盛盤後，表面撒上熟白芝麻作裝飾，即可食用。

Tips

烤鰻汁與丁香魚攪拌時，動作要輕，避免丁香魚斷頭尾，影響外觀。

鮭魚卵 鮮奶豆腐

材料

鮭魚卵	少許
鮮乳	2000cc
動物鮮乳油	1000cc
吉利丁	70g
芒果醬	少許

作法

1 將吉利丁泡冰水，軟化後撈起備用。

2 將鮮乳與動物鮮乳油融合加熱，微熱後加入吉利丁至融解，關火，倒入豆腐模，放冷藏硬化即成。

3 硬化後倒出，切適當大小，盛盤，淋上芒果醬，以鮭魚卵點綴即可。

海膽山藥細麵

材料

新鮮海膽	150g
日本山藥	300g

醬汁

柴魚湯	100g
味醂	30g
醬油	45g

作法

1 日本山藥去皮切段，再片切成細絲，裝盤。

2 將柴魚湯、味醂、醬油依 7：1：1 的比例加熱，調合成醬汁。

3 將新鮮海膽放在山藥絲上，淋上調好的醬汁即可。

樹子虱目魚肚

材料

虱目魚肚	2 片
	（約 300g）
甘樹子	200g
嫩薑絲	5g

調味料

醬油	1T
味醂	1T
細砂糖	1/2t
清水	400cc
米酒	1/2t

作法

1 虱目魚肚洗淨，再次確認鱗片及魚刺是否去除。

2 將所有調味料與甘樹子拌勻，小火煮沸。

3 續入虱目魚肚加熱，煮沸後，轉小火燜 2 分鐘，離火冷卻。

4 裝入保鮮盒，放置冰箱冷藏。

5 食用前，表面撒上嫩薑絲作裝飾，即可食用。

Tips

冷藏後，魚油會呈現膠塊狀，屬正常現象，如果不喜歡這個滑 Q 口感，可略微覆熱溶化。

柚香鮪魚冰漬

材料

新鮮鮪魚	500g
洋蔥絲	80g
柚子粉	30g

醬汁

柴魚醬油	200cc
柚子粉	少許

作法

1 鮪魚切成柱條狀，直接炙燒至黃金色。

2 將炙燒後的鮪魚切成生魚片大小。

3 將柴魚醬油加上些許柚子粉調味，過篩備用。

4 將醬汁放入大量冰塊，續入炙燒鮪魚生魚片，泡漬約 10 分鐘後，即可裝盤食用。

櫻花蝦拌黃瓜

材料

小黃瓜	500g
櫻花蝦	80g
生薑	50g
鹽	10g
三島香鬆	50g

調味料

細砂糖	20g
芝麻香油	80g

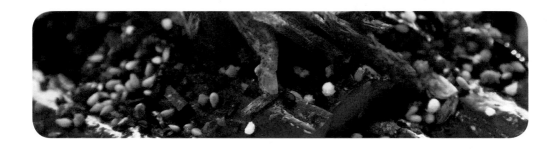

作法

1 小黃瓜切 5 公分長段，加油醃漬約 5 分鐘，以冷開水洗淨，濾乾水份備用。

2 櫻花蝦略烤，生薑切絲備用。

3 芝麻香油燒熱，熄火，放入薑絲，使香氣逼出，再拌入小黃瓜、糖及櫻花蝦。

4 盛盤，最後撒上三島香鬆即可。

香根草蝦春花捲

材料

春捲皮	300g	酸菜	100g
草蝦	300g	花生粉	30g
香菜	30g	美乃滋	100g
小黃瓜	100g		

調味料

細砂糖	30g

作法

1 草蝦燙約 5 分鐘至熟，撈出泡冰水，去殼備用。

2 小黃瓜切絲，香菜切段備用。

3 酸菜切絲，略洗，與細砂糖炒至入味。

4 取一張春捲皮，放入小黃瓜、香菜、花生粉、草蝦、酸菜絲，擠上美乃滋，
  捲成圓筒狀即可。

Tips

燙草蝦時以竹籤穿直。

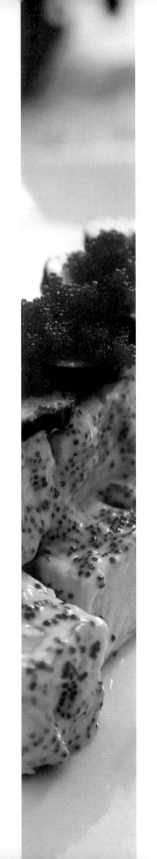

蝦卵洋芋沙拉

材料

馬鈴薯	400g
蝦卵	50g
美乃滋	100g

作法

1 馬鈴薯去皮,洗淨,切四方塊。

2 將馬鈴薯塊放入蒸籠,蒸 20 分鐘後取出放涼。

3 放涼後的馬鈴薯塊拌入美乃滋及蝦卵,盛盤即可。

辣味小鳳螺

材料

新鮮小鳳螺	600g
老薑	30g
青蔥	20g

醬汁

米酒	60g
BB 醬	5g
辣豆瓣醬	60g
醬油膏	90g
味醂	60g
甜辣醬	20g
細砂糖	20g

作法

1 小鳳螺洗淨，蔥切段，薑切片備用。

2 將 2500cc 熱水煮開，加入蔥段、薑片煮 5 分鐘，撈除。

3 續入小鳳螺，再煮 6 分鐘，撈起置涼備用。

4 將醬汁所有材料拌勻，放入小鳳螺醃製 12 小時，即為一道夏天的下酒小菜。

椒麻三絲象拔蚌

材料

象拔蚌	150g	花椒粒	5g
小黃瓜	30g	沙拉油	50g
紅甜椒	20g	香油	10g
黃甜椒	20g		

調味料

鹽	3g
雞粉	15g
花椒油	30g

作法

1 將象拔蚌汆燙後泡冰水，濾乾備用。

2 紅、黃甜椒及小黃瓜切絲，汆燙後泡冰水，濾乾。

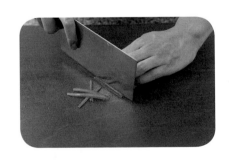

3 花椒粒放置馬口碗內，燒熱沙拉油及香油至 80 度，沖入馬口碗的花椒粒，逼出香氣，置涼後去除花椒粒。

4 象拔蚌切成條狀，與甜椒絲、小黃瓜絲、調味料拌勻，即為一道爽口的涼拌菜。

軟絲明太子

材料

軟絲	150g
蝦卵	50g
新鮮檸檬	1 粒

調味料

美乃滋	70g
檸檬汁	15g

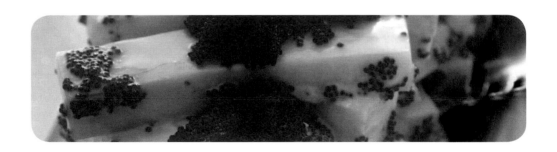

作法

1 將買回來的軟絲去除內臟、外皮；檸檬擠汁備用。

2 煮一鍋熱水至 90 度，將軟絲放入熱水中，熄火後浸泡 5 分鐘，取出，泡入冰水中約 5 分鐘後取出濾乾。

3 軟絲切成條狀，拌入調味料，即為一道跳躍、有口感的菜餚。

芥末子醬拌中卷

材料

中卷	500g
紅甜椒	50g
小黃瓜	50g

調味料

芥末子醬	50g
美乃滋	200g
檸檬汁	20g

作法

1 中卷去除內臟，洗淨。

2 煮熱開水，將中卷放入鍋中，熄火泡 5 分
　鐘，撈出放涼備用。

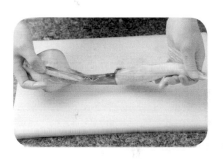

3 紅甜椒切小丁，小黃瓜切長片與小丁，分別泡冰水 5 分鐘後，濾乾備用。

4 中卷切成條狀，拌入調味料，撒上甜椒丁
　及小黃瓜丁即可。

翠玉三色蟹味捲

材料

高麗菜	600g
小黃瓜	100g
松葉蟹腿	200g
紅蘿蔔	100g
豆芽菜	150g
生菜	150g

調味料

七味辣椒粉	10g

特製醬油沾醬

白醋	75g
醬油膏	240g
細砂糖	38g
辣油	24g
冷開水	90g

作法

1 高麗菜洗淨，取葉片，紅蘿蔔、小黃瓜切條狀備用。

2 煮一鍋熱開水，將高麗菜、紅蘿蔔、小黃瓜分別煮熟，泡冰水待涼後，去除水分。

3 將高麗菜葉放入小黃瓜、紅蘿蔔、松葉蟹腿、豆芽菜、生菜，捲成圓筒狀，切片盛盤。

4 特製醬油沾醬材料拌勻，淋上三色蟹味捲，撒上七味辣椒粉即可食用。

蛋黃三色海中卷

材料

中卷	1 隻
鹹鴨蛋黃	10 粒
三色蔬菜豆	100g

調味料

白胡椒粉	5g
細砂糖	50g

作法

1 中卷去除內臟，煮一鍋熱開水，放入中卷，熄火，泡 5 分鐘後撈出。

2 鹹鴨蛋黃洗淨，入蒸鍋蒸 8 分鐘後，放涼備用。

3 將蛋黃抓散狀，加入三色蔬菜豆及調味料，裝入中卷內，食用時切片即可。

黃金泡菜海菜捲

材料

山東大白菜	600g
中卷	600g
鹽	19g
紅蘿蔔	80g

調味料

細砂糖	18g
蒜頭	20g
紅辣椒	10g
辣油	20g
芝麻香油	10g
白醋	60g

作法

1 山東大白菜洗淨，加鹽醃漬 30 分鐘後，壓乾水分備用。

2 將紅蘿蔔洗淨，去皮切小塊，放入果汁機，加入所有調味料打成泥狀。

3 中卷去除內臟，煮熟待冷後，再將黃金泡菜與醃漬白菜塞進中卷內，切片即可食用。

干貝奇異果醋

材料

干貝	2 枚
白洋蔥	半顆
紅洋蔥	半顆
奇異果	2 顆
蒜泥	7g

調味料

檸檬汁	100g
紅酒醋	100g
義大利香料	少許
黑胡椒粒	少許
橄欖油	60g

作法

1 將奇異果切細丁，紅、白洋蔥切碎，與蒜泥一同加入所有調味料拌勻成奇異果醋。

2 干貝炙燒表面成黃金色備用。

3 干貝盛盤，淋上奇異果醋，點綴洋蔥碎即可。

Tips

將奇異果切丁，泡入調味料中，使奇異果更能釋放出果香味道。

蔬果類

芝麻糖衣豆干

材料

黑豆干	2 塊
熟白芝麻	1t

調味料

醬油膏	2T
細砂糖	2T
香油	1/4t

作法

1 黑豆干改刀成小丁狀。

2 油鍋加熱，利用中低溫泡油，最後轉大火，將豆干丁多餘的油脂逼出，炸至乾酥，撈出。

3 原鍋內留少許油，放入所有調味料，小火不斷拌炒，待細砂糖溶化。

4 續入豆干丁，拌炒至醬汁包覆豆干，即可起鍋。

5 將豆干盛盤後，表面撒上熟白芝麻作裝飾，即可食用。

Tips

炒芝麻時火侯要小，且不斷翻動，否則芝麻很容易焦黑，香味也沒炒出來。

梅汁蜜南瓜

材料

南瓜	500g
鹽	10g
紫蘇梅	150g
白話梅	37g

調味料

白醋	187g
百香果醬	300g

作法

1 南瓜去皮切條，加入鹽，醃製約 30 分鐘至軟化後，以 1000cc 冷開水洗去
鹹味，濾乾。

2 將紫蘇梅、白話梅與所有調味料浸泡 12 小時，使味道釋放出來後，撈出紫
蘇梅及白話梅。

3 最後將南瓜拌入調味料醃製 8 小時即可。

涼拌白菜梗

材料

白菜梗	375g
香菜	37g
蒜頭	37g
紅辣椒	5g
花生	30g

調味料

醬油膏	100g
白糖	14g
白醋	100g
辣油	37g
香油	37g

作法

1 紅辣椒切絲，蒜頭切碎備用。

2 大白菜洗淨，將葉子切除，留白菜梗，切 1 公分條狀，泡冰水 20 分鐘。

3 將泡冰水過的白菜梗撈出，放置冰箱冰 30 分鐘後盛盤。

4 紅辣椒絲、蒜頭碎及所有調味料拌均勻，淋上白菜梗，放上花生即可。

台式辣蘿蔔

材料

白蘿蔔	1200g
鹽	90g

調味料 A

辣油	60g
芝麻油	60g
胡麻油	60g

調味料 B

辣椒醬	120g
辣豆瓣醬	90g
白糖	120g
白醋	112g
BB 辣椒醬	15g

作法

1 白蘿蔔切 5 公分條狀，加入鹽拌勻，醃製 30 分鐘後，擠乾水分。

2 先將調味料 A 拌勻，與辣椒醬、辣豆瓣醬、糖一同拌炒，起鍋熄火，加入
　白醋、BB 辣椒醬拌炒均勻。

3 最後將白蘿蔔與拌炒後的調味料混合均勻即可。

白酒蜂蜜牛番茄

材料

新鮮牛番茄　　　3 粒

調味料

白葡萄酒	250g
白話梅	2 粒
白醋	330g
蜂蜜	20g

作法

1 牛番茄洗淨，去蒂，以開水汆燙後，泡冰水，去番茄皮。

2 將去皮番茄放入杯中，淋上所有調味料即可。

味噌杏鮑菇

材料

杏鮑菇	500g

調味料

味噌	360g
細砂糖	120g
冷開水	120g
三島香鬆	5g

作法

1 杏鮑菇一切二，以開水煮 15 分鐘，放涼備用。

2 將所有調味料拌勻。

3 烤杏鮑菇 3 分鐘後，抹上調味料，再烤 1 分鐘即可。

和風洋蔥

材料

洋蔥	1 顆
三島香鬆	2T
柴魚片	5g

調味料

和風醬	300cc

作法

1 洋蔥去皮，改刀成洋蔥絲。

2 將洋蔥絲放進流水浸泡約 2 分鐘後，泡冰水冰鎮至透明，瀝乾水分。

3 洋蔥絲與和風醬拌勻，靜置 15 分鐘以上至入味。

4 盛盤後，表面撒上三島香鬆及柴魚片作裝飾，即可食用。

Tips

切洋蔥絲，下刀處：

第一刀直刀，出來是洋蔥片。 ✗

第一刀斜刀，出來是洋蔥絲。 ⭕

芥末苦瓜

材料

苦瓜	300g
子薑	80g

調味料 A

綠色芥末	2t
細砂糖	1T
飲用水	50cc
梅子粉	1t
醬油膏	2T

調味料 B

香油	1/4t

作法

1 苦瓜去籽，改刀成薄片。

2 將苦瓜放進流水浸泡約 2 分鐘後，冰鎮至透明，瀝乾水分。

3 子薑磨成泥，與所有調味料 A 調成醬汁，備用。

4 苦瓜片擺盤，淋上醬汁及香油，即可食用。

Tips

苦瓜也可切對半，利用湯匙去籽，苦瓜內膜需刮除乾淨，才不會苦。

味噌結頭菜

材料

結頭菜	1 顆
	（約 600g）
鹽	1T
	（去苦水用）

調味料

味噌	400g
細砂糖	3T
醬油	1/2t
飲用水	300cc

作法

1 結頭菜去皮，加入鹽拌勻，放置 5 分鐘後，將鹽及苦水沖掉，瀝乾。

2 取一鍋到入所有調味料，小火攪拌至沸騰後，待冷卻。

3 結頭菜與調味料拌勻，裝入保鮮盒浸泡，放入冰箱冷藏兩天。

4 取出時，將醬汁利用清水沖洗，改刀成條狀，即可食用。

Tips

依照時令，亦可選用白蘿蔔或包心白菜操作。

港式泡菜

材料

白蘿蔔	300g
紅蘿蔔	300g
小黃瓜	100g
話梅	1 顆
鹽	1T
（去苦水用）	

調味料

清水	500g
細砂糖	600g
白醋	500g

作法

1 紅、白蘿蔔去皮，與小黃瓜一同改刀成菱形片，加入鹽拌勻，放置 5 分鐘後，沖掉鹽及苦水，瀝乾備用。

2 取一鍋放入調味料中的清水，煮滾後加入其餘調味料及話梅，煮沸後放涼冷卻。

3 蘿蔔、小黃瓜與作法 2 拌勻，裝入保鮮盒浸泡，放入冰箱冷藏兩天後，即可食用。

Tips

1. 菱形片切法：先切成條狀，再切片狀。
2. 厚度厚一點，比較有口感；切薄一點，浸泡入味較快。可依需求調整厚薄度。

芫荽花生

材料

油花生	300g
蒜末	15g
紅辣椒	1 條
蔥花	10g
香菜	2 顆

調味料

醬油	3T
烏醋	1t
香油	1/4t
細砂糖	2t

作法

1 蒜頭切末，紅辣椒改刀成辣椒圈，香菜切小段。

2 起油鍋爆香後，加入所有調味料拌勻。

3 續入 所有食材拌炒均勻，盛盤後即可食用。

Tips

蒜頭快速切末：利用剪刀將頭尾剪開，剝皮後切片，利用壓切法切末。

涼拌飄香韭菜

材料

韭菜	300g
油蔥酥	2T
柴魚片	1T

調味料

清水	100cc
醬油膏	2T
細砂糖	1t
香油	1/4t

作法

1 取一鍋清水煮滾後,將韭菜燙熟,撈起泡冰水,瀝乾。

2 將韭菜以壽司竹簾捲成條狀,再切成約4公分長,擺盤備用。

3 另取一鍋將調味料中的清水倒入,煮沸後放入油蔥酥煮1分鐘,續入醬油膏及細砂糖小火煮沸,冷卻備用。

4 將香油淋上韭菜,撒上柴魚片作裝飾,即可食用。

Tips 利用壽司竹簾捲起,先定型靜置1分鐘左右,再取出,避免不夠扎實,導致切割時鬆散。

涼拌熟花生

材料

生花生	300g
小黃瓜	50g
紅蘿蔔	50g
蒜末	10g

調味料

醬油膏	2t
香油	1/4t
細砂糖	1t
白胡椒粉	1/4t

作法

1. 小黃瓜、紅蘿蔔洗淨後，改刀成小丁狀。

2. 將生花生、小黃瓜、紅蘿蔔分別汆燙至軟，冷卻備用。

3. 將所有調味料拌勻備用。

4. 冷卻的花生、小黃瓜丁、紅蘿蔔丁與蒜末及調味料拌勻，盛盤即可食用。

Tips

汆燙時，水中可酌量加入鹽，讓食物更有味道且保色。

鹹鳳梨滷苦瓜

材料

苦瓜	300g
鹹鳳梨	100g

調味料

黃豆瓣醬	100g
細砂糖	1T
醬油	1T
清水	500cc

作法

1 苦瓜切長條狀，去籽，改刀成小段狀。

2 所有調味料與鹹鳳梨拌勻，小火煮沸。

3 續入苦瓜段加熱，煮沸後，轉小火燜2分鐘，離火冷卻。

4 取出，裝入保鮮盒，放置冰箱冷藏，食用前表面再淋上少許醬汁，即可食用。

Tips

苦瓜切條狀，利用平刀法去籽。

桂花蜂蜜蓮藕

材料

蓮藕	300g
鹽	1/4t

調味料

桂花醬	3T
蜂蜜	1t

作法

1 蓮藕洗淨削皮，切 0.5 公分厚圓片，隨即泡鹽水或醋水。

2 取一鍋清水煮沸，放入蓮藕片汆燙，撈起冷卻備用。

3 蓮藕片裝入保鮮盒冷藏。

4 盛盤後，表面淋上蜂蜜及桂花醬，即可食用。

Tips

若要煮蓮藕湯，蓮藕不要泡醋水，泡過醋水蓮藕會變脆，就再也煮不軟，若涼拌口感要脆就無妨。

 泰式花生

材料		調味料 A	
油花生	300g	醬油膏	3T
洋蔥	30g	白醋	1t
紅辣椒	1 支	烏醋	1/2t
青蔥	1 支		
蒜頭	5g	**調味料 B**	
香菜	1 顆	香油	1/4t

作法

1 洋蔥去皮，改刀成洋蔥絲，放進流水浸泡約 2 分鐘後，泡冰水，瀝乾。

2 蔥、紅辣椒切圈，香菜切小段，蒜頭切碎。

3 將蔥、辣椒、蒜碎、洋蔥絲及油花生與調味料 A 拌勻。

4 盛盤後，撒上香菜及香油，即可食用。

Tips

蒜頭快速切碎：利用菜刀拍壓蒜頭後略切。

泰式青木瓜

材料

青木瓜	300g
紅辣椒	1 支
蒜頭	1g
香菜	1 顆

調味料 A

泰式魚露	3T
蝦醬	1T
細砂糖	1/2t
檸檬汁	2T

調味料 B

香油	1/2t

作法

1 青木瓜去皮、去籽，改刀成木瓜絲，泡冰水，瀝乾備用。

2 紅辣椒切圈，蒜頭切碎，香菜切小段。

3 將辣椒碎、蒜碎及青木瓜絲與調味料 A 拌勻。

4 冷藏靜置 4 小時以上至入味。

5 盛盤後，撒上香油及香菜，即可食用。

Tips

快速刨絲法：利用刀子在木瓜上緊密的劃刀，
再以削皮刀削出來即為細絲。

薑絲海帶根

材料

海帶根	300g
薑	2g
蒜仁	1g
紅辣椒	1 條
香菜	1 顆

調味料 A

醬油膏	3t
細砂糖	1t

調味料 B

香油	1/4t

作法

1 海帶以熱水汆燙後，放涼備用。

2 蒜仁切碎，紅辣椒切圈，薑切絲，香菜切小段。

3 將海帶根與作法 2 與調味料 A 拌勻後，淋上香油及香菜即可。

港式蘿蔔乾

材料

白蘿蔔	300g
鹽	1t
（去苦水用）	

調味料

細砂糖	50g
白醋	50g

作法

1 白蘿蔔去皮，改刀成扇形片，加入鹽拌勻，裝入網袋以重物壓乾水份，放置 20 分鐘後，將鹽及苦水沖掉，瀝乾備用。

2 將所有調味料拌勻。

3 壓乾的蘿蔔片與調味料拌勻，裝入保鮮盒浸泡，放入冰箱冷藏 4 小時以上至入味，即可食用。

Tips

1. 一般而言，白醋風味較強，呈現較酸口感，而烏醋口感較香；因這一道菜的調味料有添加醬油，所以採用烏醋，亦可添加白醋。

2. 基本上，糖、醋比例為 1：1，白醋風味強，烏醋口感較香。

青辣椒豆干片

材料

五香豆干	300g
青辣椒	1 條
蒜仁	1g

調味料 A

醬油膏	3t
細砂糖	1t
清水	50cc

調味料 B

香油	1/4t

作法

1 五香豆干切片，入油鍋炸後備用。

2 青辣椒切斜片，蒜仁切碎。

3 起一油鍋，爆香蒜末及青辣椒片，加入調味料 A 煮沸後，續入豆干片拌炒至湯汁收乾，盛盤，淋上香油即可。

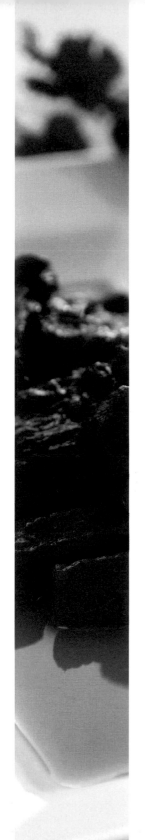

蜜汁紅蘿蔔

材料

紅蘿蔔	300g
話梅	3 顆

調味料

麥芽	6T
細砂糖	1T
清水	300cc

作法

1 紅蘿蔔去皮,切長約2公分、寬1公分的長條,備用。

2 起一鍋加入所有調味料及話梅,煮滾至濃稠後,再
加入紅蘿蔔煮約 30 分鐘,使糖醬包覆在紅蘿蔔上
即可盛盤。

涼拌香鬆花生醬西芹

材料

西芹	300g
三島香鬆	50g

調味料

香甜沙拉醬	100g
花生醬	100g

作法

1 西芹去皮及細梗，切長約 3 公分，泡冰水後瀝乾備用。

2 將花生醬及沙拉醬擠在西芹的凹槽內，並撒上三島香鬆即可食用。

Tips

西芹泡冰水較為脆口，也是去掉蔬菜本身的生味。

Cooking15

手作涼拌菜

國家圖書館出版品預行編目 (CIP) 資料

手作涼拌菜 / 吳青華, 陳楷曄, 陳永成, 藍敏凱, 楊裕能, 花國袁, 巫清山著 . -- 一版 . -- 新北市 : 優品文化事業有限公司, 2023.04 128 面 ; 17x23 公分 . -- (Cooking ; 15)

ISBN 978-986-5481-40-7 (平裝)

1.CST: 食譜

427.1   111018679

作　　者	吳青華、陳楷曄、陳永成、藍敏凱、楊裕能、 花國袁、巫清山
總 編 輯	薛永年
美術總監	馬慧琪
企　　劃	吳青華
文字編輯	吳奕萱
美術編輯	李育如
出 版 者	優品文化事業有限公司

電話：(02)8521-2523

傳真：(02)8521-6206

Email：8521service@gmail.com

（如有任何疑問請聯絡此信箱洽詢）

網站：www.8521book.com.tw

印　　刷	鴻嘉彩藝印刷股份有限公司
業務副總	林啟瑞 0988-558-575
總 經 銷	大和書報圖書股份有限公司

新北市新莊區五工五路 2 號

電話：(02)8990-2588

傳真：(02)2299-7900

網路書店	www.books.com.tw 博客來網路書店
出版日期	2023 年 4 月
版　　次	一版一刷
定　　價	200 元

上優好書網　　LINE 官方帳號　　Facebook 粉絲專頁　　YouTube 頻道

手作涼拌菜　　　**讀者回函**

♥ 為了以更好的面貌再次與您相遇，期盼您說出真實的想法，給我們寶貴意見 ♥

姓名：	性別：□ 男　　□ 女	年齡：	歲

聯絡電話：（日）　　　　　　　　　　　　（夜）

Email：

通訊地址：□□□-□□

學歷：□ 國中以下　□ 高中　□ 專科　□ 大學　□ 研究所　□ 研究所以上

職稱：□ 學生　□ 家庭主婦　□ 職員　□ 中高階主管　□ 經營者　□ 其他：

- 購買本書的原因是？

□ 興趣使然 □ 工作需求 □ 排版設計很棒 □ 主題吸引 □ 喜歡作者

□ 喜歡出版社 □ 活動折扣 □ 親友推薦 □ 送禮 □ 其他：＿＿＿＿＿＿

- 就食譜叢書來說，您喜歡什麼樣的主題呢？

□ 中餐烹調 □ 西餐烹調 □ 日韓料理 □ 異國料理 □ 中式點心 □ 西式點心 □ 麵包

□ 健康飲食 □ 甜點裝飾技巧 □ 冰品 □ 咖啡 □ 茶 □ 創業資訊

□ 其他：＿＿＿＿＿＿＿＿＿

- 就食譜叢書來說，您比較在意什麼？

□ 健康趨勢 □ 好不好吃 □ 作法簡單 □ 取材方便 □ 原理解析 □ 其他：＿＿＿

- 會吸引你購買食譜書的原因有？

□ 作者 □ 出版社 □ 實用性高 □ 口碑推薦 □ 排版設計精美 □ 其他：＿＿＿

- 跟我們說說話吧～想說什麼都可以哦！

□□□-□□

24253 新北市新莊區化成路 293 巷 32 號

上優文化事業有限公司　收
(優品)

手作涼拌菜　　**讀者回函**

(請沿此虛線對折寄回)

優品文化事業有限公司
電話：(02)8521-2523
傳真：(02)8521-6206
信箱：8521service @ gmail.com

上優好書網　　LINE　　　Facebook　　YouTube
　　　　　　　官方帳號　　粉絲專頁　　頻道